Ines Munoz Zuniga

Ökobilanzen - Was sagen sie aus? Was leisten sie?

GRIN Verlag

Bibliografische Information der Deutschen Nationalbibliothek:

Die Deutsche Bibliothek verzeichnet diese Publikation in der Deutschen National-
bibliografie; detaillierte bibliografische Daten sind im Internet über http://dnb.d-
nb.de/ abrufbar.

Impressum:

Copyright © 2007 GRIN Verlag GmbH
Druck und Bindung: Books on Demand GmbH, Norderstedt Germany
ISBN: 978-3-640-28589-1

TECHNISCHE FACHHOCHSCHULE BERLIN
University of Applied Sciences

Facharbeit zum Thema

„Ökobilanzen –
Was sagen sie aus? Was leisten sie?"

verfasst von
Ines Çakir

im Rahmen der Übung „Ökologie der Verpackung" (WS 2007/8)

Studiengang: Packaging Technology (B.E)
Fachbereich V – Life Sciences and Technology
Technische Fachhochschule Berlin

Abgabetermin: 7.12.2007

Kurzfassung

Ökobilanzen gewinnen als relativ junges, ISO-genormtes Instrument zur Beurteilung pro-
duktbezogener Lebenszyklen sukzessive mehr an Bedeutung. Dies gilt im Besonderen
für den Verpackungsbereich vor dem Hintergrund der Verpackungsverordnung, wie unter
anderem durch die im Auftrag des Umweltbundesamtes durchgeführten Ökobilanzen zu
Getränkeverpackungen deutlich wird.

Trotz bzw. wegen ihrer strukturell bedingten begrenzten Aussagefähigkeit vermögen es
Ökobilanzen, Unternehmen quantitativ im Sinne monetärer Einsparungen und qualitativ
im Sinne von Entwicklungspotenzialen aufzuzeigen, so bei der ökologischen Produktop-
timierung, als Informationsinstrument oder im Marketing. Politische Entscheidungsträger
indes berufen sich auf Ökobilanzen als Entscheidungshilfe, so etwa bei der Einführung
des Zwangspfandes.

Vor dem Hintergrund der vielfältigen Einsatzpotenziale von Ökobilanzen sollte, um un-
sachgemäße Vereinfachungen und dadurch ggf. Fehlentscheidungen zu vermeiden,
stets darauf geachtet werden, gemäß der relevanten Normen zu verfahren und Ökobilanzen stets nur unter Einbeziehung der Randbedingungen des Systems zu betrachten, nie
aber für sich isoliert.

Zudem muss im immer bedacht werden, dass Ökobilanzen wegen ihrer Begrenztheit auf
Stoff- und Energiekreisläufe nur einen Aspekt im Rahmen von Entscheidungsprozessen
für Staat, Wirtschaft und Gesellschaft darstellen. Für eine ganzheitliche Betrachtung sind
umfassendere Fragestellungen erforderlich, die z.B. auch ökonomische und soziale Aspekte mit einbeziehen.

Inhaltsverzeichnis

1   Einleitung 1

2   Begriffsbestimmungen 2

3   Historisches 3

      3.1   Entwicklungsgeschichte von Ökobilanzen allgemein 3

      3.2   Historie zu Ökobilanz und Verpackung 5

4   Ökobilanz als Methode 6

      4.1   Internationale Normung 6

      4.2   Ökobilanzen - Was sagen sie aus? 8

           4.2.1   Allgemeine Überlegungen 8

           4.2.2   Ökobilanzen für Getränkeverpackungen 10

           4.2.3   Ökobilanz für Getränkeverpackungen II 10

      4.3   Ökobilanzen - Was leisten sie? 14

           4.3.1   Allgemeine Betrachtungen 14

           4.3.2   Betrachtung im speziellen Zusammenhang
                  mit dem Verpackungswesen 17

5   Diskussion 19

6   Fazit 21

7   Glossar 22

8   Literaturverzeichnis 23

1   Einleitung

Umweltbelastungen werden seit Jahren in der Öffentlichkeit diskutiert, und es wurden zahlreiche Studien durchgeführt, die sich mit der Frage befassen, wie diese Umweltbelastungen erfasst und vor allem verringert werden können. Als ein wertvolles Instrument hat sich dabei die Ökobilanz erwiesen, und Prof. Dr. Andreas Troge, Präsident des Umweltbundesamtes (UBA), führt hierzu an: *„Um umweltschutzorientierte Entscheidungen zur Herstellung, Konstruktion, Design oder Nutzung und Entsorgung von Produkten an den verschiedenen Schnittstellen und auf den unterschiedlichen Ebenen möglich zu machen, bedarf es eines Instrumentes, das den jeweiligen Lebensweg erschließt und aufbereitet, die komplexen Daten erhebt und zusammenfasst, in ihren - auch gegenläufigen- Auswirkungen auf die Umwelt einschätzt und schließlich in eine Auswertung überführt. Diese Anforderungen werden durch Ökobilanzen erfüllt.“* (**Troge 2006**)

Ökobilanzen sind insbesondere von Bedeutung bei der Beurteilung von Verpackungen. Verpackungen sind ein Paradebeispiel für die Wegwerf-Mentalität der Gesellschaft. Als Transport-, Verkaufs- und Umverpackungen haben sie in der Regel ihr Soll schnell erfüllt, und sie werden - im besten Falle - wieder verwendet, verwertet oder entsorgt. Verpackungen erfüllen vielfältige, für die Lagerung und Distribution von Produkten notwendige Funktionen; sie gehören somit zum Lebenszyklus (*„life-cycle“*) der jeweiligen Füllgüter. Somit müssen Verpackungen zum einen per se als Produkte betrachtet werden und zum anderen als *„Bestandteil“* von Produkten.

Die ökologische Bilanzierung von Verpackungen und Verpackungssystemen hat in den letzten Jahren vor allem durch die Verpackungsverordnung (**VerpackV**) und die mit dieser verbundenen veränderten wirtschaftlichen Handlungsbasis für Unternehmen an Bedeutung gewonnen. *„Im Zuge der über die letzten Jahre in Deutschland geführten Pfandpflicht-Debatte lag es im Erkenntnisinteresse von Verpackungsherstellern zu erfahren, ob eine Verpackung ‚ökologisch vorteilhaft‘ ist und damit ggf. vom Zwangspfand ausgenommen werden kann.“* (**IFEU 2007a**)

Was unter Ökobilanzen zu verstehen ist, was sie aussagen und was sie - als Instrument des Umweltmanagements - leisten können, wird in dieser Hausarbeit dargestellt. Dabei wird ein Bezug zum Bereich Verpackungswesen hergestellt, indem aufgezeigt wird, welchen Einfluss die Ökobilanz bereits hierauf hatte, aktuell hat und welches zukünftige Potential ihr inhärent ist. Wie die aktuellen Projekte des Instituts für Energie- und Umweltforschung (IFEU) belegen, stehen Verpackungssystem nach wie vor im Brennpunkt des Interesses. So wurden und werden Ökobilanzen für unterschiedlichste Verpackungssysteme erstellt. Im Rahmen dieser Arbeit wird beispielhaft der Bereich der Getränkeverpackungen ausführlicher diskutiert.

2 Begriffsbestimmungen

„Eine Ökobilanz ist eine Methode, ist ein Instrument. Es versetzt in die Lage, Systeme zu beschreiben und die Umweltbelastungen von Systemen zu bestimmen. Es ist das erste und bisher einzige Instrument der Umweltbewertung, das weltweit in einer ISO-Norm standardisiert wurde." (**IFEU 2007b**)

Der Begriff Ökobilanz wurde in früheren Jahren vielfältig genutzt und es finden sich in der Literatur unterschiedliche Definitionen und unterschiedliche Auslegungen. Heute gibt es nur noch eine offiziell gültige Definition. Diese ist genormt. Wegen der großen internationalen Bedeutung wurden für die Erstellung und Anwendung von Ökobilanzen internationale Normen in der Normenreihe ISO 14040 bis ISO 14043 erarbeitet. Im Oktober 2006 wurden diese vier Normen durch nunmehr nur noch zwei Normen, DIN EN ISO 14040:2006-10 und DIN EN ISO 14044:2006-10, ersetzt. In diesen Normen ist auch der Begriff Ökobilanz definiert.

Ökobilanz: *„Zusammenstellung und Beurteilung der Input- und Outputflüsse und der potenziellen Umweltwirkungen eines Produktsystems im Verlauf seines Lebensweges."* (**DIN EN ISO 14040:2006-10**, Begriff 3.2)

Der englische Begriff von Ökobilanz lautet *„life cycle assessment"* mit dem Kürzel LCA und lässt bereits in der Benennung deutlicher als in dem deutschen Begriff „Ökobilanz" erkennen, dass es sich um eine Bewertung (*„assessment"*) über den gesamten Lebenszyklus bzw. Lebensweg (*„life cycle"*), wie es in der Norm heißt, handelt. D.h., die Ökobilanz bezieht die Umweltaspekte sowie die möglichen Umweltwirkungen im Verlauf des Lebensweges eines Produkts - „von der Wiege bis zur Bahre" - in die Betrachtung ein. Hierzu gehören die Rohstoffgewinnung, der Produktionsprozess, die Anwendung bzw. die Nutzung des Produkts, die Abfallbehandlung, das eventuelle Recycling und die Entsorgung. Die Norm führt hierzu an: *„Durch einen vollständigen Ansatz erhält man einen systematischen und umfassenden Überblick und die Verlagerung einer möglichen Umweltbelastung von einem Abschnitt in einen anderen kann vermieden werden."* (**DIN EN ISO 14040:2006-10**, S. 14)

Auch der Begriff Bilanz verdeutlicht sinnbildlich gemäß dem etymologischen Ursprung des Wortes - nämlich dem lateinischen Wortes *„bilanx"*, welches eine Waage mit zwei Waagschalen beschreibt - eine Gegenüberstellung bzw. das Gleichgewicht von ein- und ausströmenden Faktoren eines Systems bzw. Produktes. Öko- sowie Sachbilanzen sind dabei entgegen dem allgemeinen kaufmännischen Bilanzverständnisses dem naturwissenschaftlichen bzw. physikalischen Bilanzverständnis zuzuordnen (vgl. **Kanning 2000**, S. 39 ff.).

Im Sinne der neuen Normen wird dabei heute unter Produkt jede Ware oder Dienstleistung verstanden. Diese Begriffsbestimmung entspricht nicht unbedingt dem allgemeinen heutigen Verständnis.

In engem Zusammenhang mit der Ökobilanz steht die Sachbilanz. Diese bildet das Kernstück der Ökobilanz und ist in den Normen wie folgt definiert:

Sachbilanz: *„Bestandteil der Ökobilanz, der die Zusammenstellung und Quantifizierung von Inputs und Outputs eines gegebenen Produktes im Verlauf seines Lebensweges umfasst"* (**DIN EN ISO 14040:2006-10**, Begriff 3.3)

Im Allgemeinen werden in Ökobilanzen ökonomische und soziale Aspekte eines Produktes nicht berücksichtigt. Der Ansatz und die Methodik können jedoch auch auf diese Aspekte angewendet werden (vgl. **DIN EN ISO 14040:2006-10**, S. 6).

In der Praxis werden entgegen der genormten Definition der Ökobilanz, die sich auf Produkte begrenzt, auch Ökobilanzen durchgeführt, die andere Objekte zum Gegenstand haben. Hierzu gehören z.B. Betriebsökobilanzen, Prozessökobilanzen, Standortökobilanzen und Substanzökobilanzen. Es werden sogar als Ökobilanz Umwelt-Berichte für ganze Städte erstellt (vgl. z.B. **Bund Niedersachsen 2001**).

Das UBA findet diese Begrifflichkeiten verwirrend und regt in diesem Zusammenhang an, dass der Begriff „*Ökobilanz*" als Oberbegriff gelten soll (vgl. **Rehbinder 2001,** S. 4). Als Bezugssysteme von Ökobilanzen wären dann Produkte, Verfahren, Anlagen, Unternehmen sowie der Raum geeignet (vgl. **ebd.**, S. 7 ff.).

In der Praxis werden zudem häufig auch Studien als Ökobilanz-Studien bezeichnet, die eigentlich Sachbilanz-Studien sind. Darunter versteht man Bilanz-Studien, welche dem Aufbau nach einer Ökobilanz ähneln, bei denen jedoch die Phase der Wirkungsabschätzung fehlt (vgl. **DIN EN ISO 14040:2006-10**, S. 5 und S. 25 ff.).

Im Rahmen dieser Hausarbeit wird die Ökobilanz im Sinne der Norm **DIN EN ISO 14040:2006-10** erörtert.

3   Historisches

3.1   Entwicklungsgeschichte von Ökobilanzen allgemein

Die ersten Ökobilanzen wurden in der späten 60er Jahren des letzten Jahrhunderts als interne Firmenreporte verfasst, welche allerdings nie publiziert worden sind. So erstellte z.B. das Midwest Research Institute in den USA bereits 1968/69 eine Ökobilanz zum Thema Getränkeverpackungen (*„beverage container"*) für die Coca Cola Company; erst 1974 veröffentlichte dasselbe Institut im Auftrag der Environmental Protection Agency in den USA (EPA-US) eine Ökobilanz zu demselben Thema, welche heute allgemein als erste Ökobilanz entsprechend der heute angewendeten Methodik gilt (vgl. **Aresta 2002**, S. 1). Europäische Projekte folgten - eingebettet in die Diskussion um die Sozialbilanzen (vgl. u.a. **Dierkes 1974**) - in den 70er und 80er Jahren (vgl. **Corino 1995**, S. 3). 1974 wird als erster geschlossener Entwurf zur Erfassung der von Unternehmen ausgehenden Umwelteinflüsse der von Müller-Wenk entwickelte Ansatz der *„ökologischen Buchhaltung"* präsentiert (vgl. **Müller-Wenk 1974**). Die Idee einer kontenmäßigen Erfassung der Umwelteinwirkungen eines Unternehmens wurde in der Praxis zwar nicht oft umgesetzt, gilt jedoch heute gemeinhin als Klassiker in der Pionierarbeit der ökologischen Bilanzierung.

Entsprechende Veröffentlichungen erlangten erst Ende der 80er bis Anfang der 90er Jahre größere Bedeutung (vgl. **UBA 1995**, S. 2 ff.). Dies geschah im Zuge der soziopsychologischen Verankerung des Leitbildes einer *„dauerhaft-umweltgerechten Entwicklung"* (*„sustainable development"*) in das öffentliche Bewusstsein als Ziel des Rates der Sachverständigen für Umweltfragen (**SRU 1994**). Die Ökobilanz rückte als Instrument für die langfristige Sicherung der natürlichen Lebensgrundlage des Menschen in den Fokus und fand nicht nur das wissenschaftliche Interesse an der Entwicklung und Implementierung einer neuen Methodologie, sondern auch - in der praktischen Anwendung - das Interesse von Unternehmen (vgl. **Steger 1990**, S. 53) und Politik, aber auch von Verbänden und einer partiell interessierten Öffentlichkeit, so z.B. bei der öffentlichen Diskussion um Windeln (vgl. **Lentz 1989**). Im Mittelpunkt standen hierbei neben diesen auch Baustoffe, Chemikalien und Verpackungen (**Rubik 1994**).

Es bestand in den ersten Jahren große Uneinigkeit darüber, wie eine Ökobilanz durchzuführen sei, und wie bewertet werden soll. Zum Thema Ökobilanzen und Produktlinienanalysen führte die Enquete-Kommission des Deutschen Bundestags Anfang der 90er Jahre mehrere öffentliche und nicht-öffentliche Anhörungen durch, in welchen Vertreter der Wirtschaft, des Umweltbundesamtes und des Öko-Instituts ihre Diskussionsansätze vorbrachten, und allgemeine Annahmen, Methodik und der (u.a. politische) Handlungsbedarf diskutiert wurden (**Deutscher Bundestag 1992**, S. 41 ff.). Daraufhin wurde ein erster Versuch einer einheitlichen Kategorisierung von Ökobilanzen vorgenommen (**ebd.**, S. 42 ff.).

Eine Übersicht über die Entwicklung umweltlicher Bilanzen gibt Bild 3.1. Die Darstellung endet mit der Gründung der relevanten Normungsausschüsse auf nationaler Ebene (Normenausschuss Grundlagen des Umweltschutzes (NAGUS) beim DIN e.V. in Berlin) und internationaler Ebene (ISO in Toronto). Die angestoßene Normungsarbeit prägt heute das Verständnis und den Umgang mit Ökobilanzen.

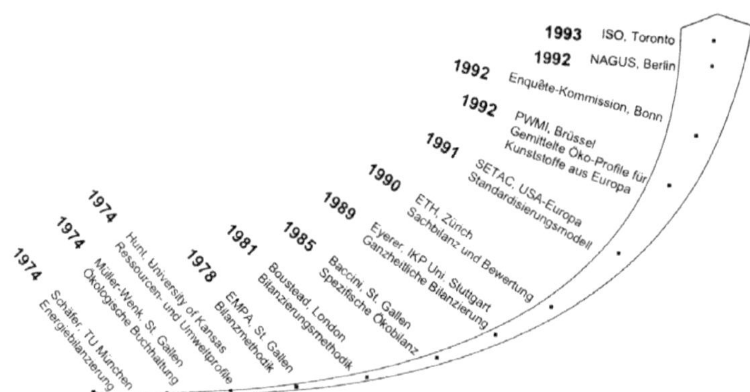

Bild 3.1   Meilensteine der Entwicklung umweltlicher Bilanzen (Quelle: **Eyerer 1996**)

3.2 Historie zu Ökobilanz und Verpackung

Die besondere Bedeutung von Ökobilanzen für Verpackungen und Verpackungssysteme bzw. -materialien wurde bereits in der Einleitung angesprochen. Sie werden sowohl von Unternehmen als auch von der Regierung bei renommierten Forschungsinstituten wie dem Institut für Energie- und Umweltforschung (IFEU) oder dem Fraunhofer Institut für Verpackungstechnik und Verpackung (IVV) in Auftrag gegeben oder aber auch selbst erstellt und veröffentlicht.

Eine erste Veröffentlichung, welche hohe Beachtung in öffentlichen Diskussionen fand, war die „*Oekobilanz von Packstoffen*", welche 1984 vom Bundesamt für Umweltschutz der Schweiz publiziert worden ist (**Bundesamt für Umweltschutz 1984**). Die Studie wurde 1991 nach Überarbeitung erneut veröffentlicht (**Habersatter 1991**) in enger Verbindung mit einer Publikation zur „*Methodik für Ökobilanzen auf der Basis ökologischer Optimierung*" (**Ahbe 1991**). Im Brennpunkt der Diskussion stehen seit Mitte der 90er Jahren diverse Ökobilanzen für Getränkeverpackungen. So veröffentlichte das UBA 1995 eine vom Fraunhofer IVV durchgeführte Pilotstudie zur Ökobilanzierung von Verpackungen für Bier und Frischmilch, die als Fazit die ökologischen Vorteile von PET- und Glasmehrwegflaschen gegenüber den Einwegflaschen sowie -dosen belegte (**Schmitz 1995**).

Bei der Erstellung dieser Studie wurde auch ein weiteres Erkenntnisinteresse verfolgt: „*Das Ziel dieser ersten Ökobilanz des Umweltbundesamtes zum Thema, Getränkeverpackungen' bestand zunächst darin, erstmalig eine Berechnungs- und Bewertungsmethode für Ökobilanzen zu entwickeln. Die Methode sollte anschließend an praktischen Beispielen auf ihre Eignung geprüft werden.*" (**UBA 2002a**, S. 2) Die Erarbeitung eines validen Instrumentes zur Erfassung der Umweltauswirkungen von Verpackungen bzw. Verpackungsabfall war notwendig geworden im Zuge der von der Bundesregierung am 12. Juni 1991 verabschiedeten und seitdem mehrfach novellierten Verpackungsverordnung (**VerpackV**), deren Ziel in der Vermeidung und der daran angeschlossenen Diskussion um den Begriff der *„ökologischen Vorteilhaftigkeit"* (vgl. Begriffsdefinition in **VerpackV** §3 Abs. (3)) liegt.

1999 legte das Fraunhofer IVV im Auftrag des Fachverbandes für flüssige Nahrungsmittel e.V. (FKN) die erste nach der DIN EN ISO-Normenreihe 14040 bis 14043 erstellte Ökobilanz zu Getränkeverpackungen vor. Das Bundesumweltamt startete 1996 sein Forschungsprojekt *„Ökobilanz für Getränkeverpackungen für alkoholfreie Getränke und Wein"*. Deren zweiphasige Auswertung umfasste eine *„Status-Quo-Analyse"* (**UBA 2000a und b**) und eine Überprüfung der Ergebnisse unter Berücksichtigung neuer und optimierter Verpackungssysteme (**UBA 2002b**). Als wesentliches Ergebnis dieser Ökobilanz wurde die grundsätzliche Überlegenheit von Mehrwegsystemen gegenüber Einwegsystemen festgestellt. Die ökologischen Eigenschaften für die PET-Mehrwegflasche waren dabei deutlich besser als die für die Glas-Mehrwegflasche. Der Getränkekarton wies keine wesentlichen Nachteile gegenüber der Glas-Mehrwegflasche auf (vgl. **UBA 2002a**, S. 4, **und UBA 2002b**, S. 355 f.).

Eine noch ziemlich junge Ökobilanz-Studie im Bereich Getränkeverpackung ist die Studie *„Ökobilanzieller Vergleich von Getränkekartons und PET-Einwegflaschen"*. Diese wurde vom Institut für Energie- und Umweltforschung Heidelberg GmbH (IFEU) im Auftrag vom FKN erarbeitet. Die Ergebnisse wurden in einer Pressemitteilung veröffentlicht (**FKN 2007**).

Zur Erörterung der in der Einleitung beschriebenen Fragestellung zur Leistung und zur Aussagefähigkeit von Ökobilanzen im Verpackungswesen wird im Folgenden auf die Ökobilanz-Studien zu Getränkeverpackungen beispielhaft näher eingegangen.

4 Ökobilanz als Methode

4.1 Internationale Normung

Umweltfragen lassen sich nicht national lösen, sondern stellen eine global zu lösende Aufgabe dar. Das gestiegene Bewusstsein über die Bedeutung des Umweltschutzes und möglicher Umweltwirkungen, die mit der Produktion und der Anwendung von Produkten im Zusammenhang stehen, hat daher dazu geführt, dass auf internationaler Ebene geeignete Methoden entwickelt worden sind, die zum besseren Verständnis und zur Berücksichtigung dieser Wirkungen dienen. Um Ergebnisse auch global vergleichen zu können, wurden diese Methoden international genormt.

Ziel der Normungsarbeit zu Ökobilanzen ist die Erarbeitung eines methodischen Werkzeugs für die umfassende Analyse der Umweltauswirkungen von Produkten. *„Mit Ökobilanzen werden*

- *systematisch die für die Produkte wichtigsten Umweltaspekte medienübergreifend identifiziert und*
- *potentielle Umweltwirkungen im Verlauf des Lebenswegs eines Produktes (von der „Wiege" - bis zur „Bahre") untersucht,*
- *Optionen für die Verringerung der Umweltauswirkungen aufgezeigt und*
- *die gemeinsame Sprache für die Information über Umweltauswirkungen von Produkten festgelegt."* (**NAGUS 2006a**)

Bis Oktober 2006 existierten vier Normen in der DIN EN ISO 14040er-Reihe; diese wurden überarbeitet, in zwei Normen zusammengefasst und neu veröffentlicht:

- Die überarbeitete Norm DIN EN ISO 14040:2006-10 beschreibt die Grundsätze und Rahmenbedingungen der Ökobilanz.
- Die neu gefasste Norm DIN EN ISO 14044:2006-10 integriert die bisherigen Normen DIN EN ISO 14041:1998-11, DIN EN ISO 14042:2000-07 und DIN EN 14043:2000-07. In ihr sind die Anforderungen an die Durchführung von Ökobilanz-Studien und Sachbilanz-Studien festgelegt. Darüber hinaus enthält die Norm DIN EN ISO 14044:2006-10 eine detaillierte Anleitung zur Erstellung von Ökobilanzen sowie eine Beschreibung der für die einzelnen Phasen der Ökobilanz spezifischen Methoden.

„Ökobilanzen sind ein wichtiges Instrument bei der Einführung von Umweltmanagementsystemen." (**NAGUS 2006a**, S. 11) Die Normen zur Ökobilanz bilden nur einen Teil des Gesamtsystems Umweltmanagement. Eine Übersicht über die nationale und internationale Normungsarbeit in diesem Bereich gibt Bild 4.1. Das Bild lässt auch erkennen, dass eine Ökobilanz ihre volle Wirkung erst im Gesamtsystem Umweltmanagement entfalten kann.

Die Normen werden ergänzt durch Fachberichte, die beim Erarbeiten und Anwenden von Ökobilanzen hilfreich sein können:

- **DIN-Fachbericht 107**: Umweltmanagement - Ökobilanz - Anwendungsbeispiele zu ISO 14041 zur Festlegung des Untersuchungsrahmens sowie zur Sachbilanz,
- **DIN-Fachbericht ISO/TR 14062**: Umweltmanagement - Integration von Umweltaspekten in Produktdesign und -entwicklung.

Das ISO 14000 Modell

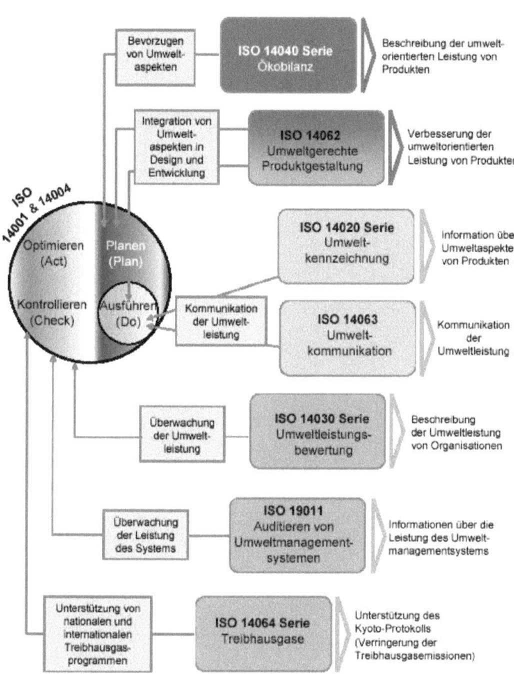

Bild 4.1 Übersicht über das Normensystem zum Umweltmanagement (**NAGUS 2006b**)

4.2 Ökobilanzen - Was sagen sie aus?

4.2.1 Allgemeine Überlegungen

Ökobilanzen sind gemäß Definition eine Zusammenstellung und Beurteilung der Input- und Outputflüsse und der potenziellen Umweltwirkungen eines Produktsystems im Verlauf seines Lebensweges. Die Aussagen von Ökobilanzen sind eng verbunden mit den Gründen für die Durchführung einer Ökobilanz und dem Ablauf. Sie geben Antwort auf die mit der Zielsetzung verbundenen Fragestellungen unter Berücksichtigung der vorgegebenen Rahmenbedingungen. Im Folgenden wird zum besseren Verständnis dafür, was Ökobilanzen aussagen (können), ein Überblick über das Gesamtsystem gegeben (s. Bild 4.2).

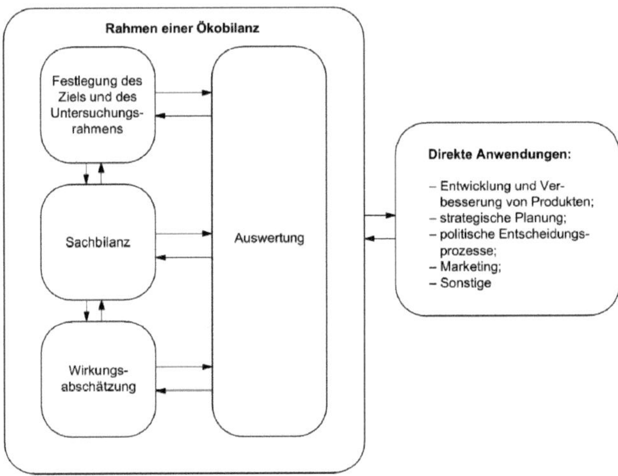

Bild 4.2   Phasen einer Ökobilanz und mögliche direkte Anwendungen derselben (Quelle: **DIN EN ISO 14040:2006-10**)

Die Darstellung zeigt, dass Ökobilanzstudien gemäß DIN EN ISO 14040:2006-10 vier Phasen umfassen:

- *Phase der Festlegung von Ziel und Untersuchungsrahmen*:
  Der Untersuchungsrahmen einer Ökobilanz, einschließlich der Systemgrenze und des Detaillierungsgrades, hängt vom Untersuchungsgegenstand und von der vorgesehenen Anwendung der Studie ab. Dabei können Tiefe und Breite von Ökobilanzen je nach Zielsetzung einer bestimmten Ökobilanz beträchtlich schwanken.
- *Sachbilanz-Phase*:
  Diese Phase dient die Bestandsaufnahme von Input-/Outputdaten in Bezug auf das zu untersuchende System und bezieht die Sammlung der Daten mit ein, die zum Erreichen der Ziele der festgelegten Studie notwendig sind.
- *Phase der Wirkungsabschätzung*:
  Der Zweck dieser Phase ist die Bereitstellung zusätzlicher Informationen zur Unterstützung der Einschätzung der Sachbilanzergebnisse eines Produktsystems durch Berechnung von Wirkungsindikatoren, um deren Umweltrelevanz besser zu verstehen.
- *Phase der Auswertung*:
  Dies ist die abschließende Phase des Ökobilanz-Verfahrens, in der die Ergebnisse einer Sachbilanz oder einer Wirkungsabschätzung oder beider in Übereinstimmung

mit der Zielstellung und dem Untersuchungsrahmen als Basis für Schlussfolgerungen, Empfehlungen und Entscheidungshilfen diskutiert und zusammengefasst werden.

Auch wie diese Phasen zusammenhängen, zeigt Bild 4.2. Man erkennt, dass die Phasen der Ökobilanz nicht streng sequentiell durchlaufen werden, sondern in einem iterativen Prozess mit Rückkopplungen zwischen den einzelnen Bestandteilen (vgl. **Fleischer 1999**, S. 44); eine wiederholte Überprüfung letzterer erfolgt dabei durch Anwendung spezifischer Methoden wie Schwerpunktanalysen (z.B. Pareto-Analyse), Fehlerabschätzungen sowie von Sensitivitätsanalysen.

Bei der Erstellung einer Ökobilanz müssen heute die Anforderungen von DIN EN ISO 14044:2006-10 berücksichtigt werden. Diese sind sehr umfassend und detailliert und schließen weitere Anforderungen ein, so z.B. an das Erstellen von Berichten für Dritte und an ggf. erforderlich werdende kritische Prüfungen dieser Berichte. Dabei stellt die DIN EN ISO 14044:2006-10 lediglich eine Anleitung für die Auswahl von Wirkungskategorien und -indikatoren sowie Charakterisierungsmodellen dar, gibt diese aber nicht verbindlich vor.

Im Folgenden wird zur beispielhaften Darstellung, was Ökobilanzen aussagen können, auf solche eingegangen, die sich mit dem Thema Getränkeverpackung befassen.

4.2.2 Ökobilanzen für Getränkeverpackungen

Wie bereits dargestellt, wurden in den letzten zwei Jahrzehnten diverse Ökobilanz-Studien im Bereich Getränkeverpackungen erstellt. Von diesen sind allerdings nicht alle der Öffentlichkeit zugänglich. So wurde auch die im Herbst 2006 vom IFEU im Auftrag des FKN abgeschlossene Studie zu Frischmilch-Verpackungen noch nicht publiziert. Auf der Internetseite des Fachverbandes ist allerdings eine reduzierte Darstellung der Ergebnisse für die Öffentlichkeit zugänglich (**FKN 2007**).

Vom Umweltbundesamt veröffentlicht wurden die Ergebnisse der detailliert angelegten Ökobilanz-Studie mit dem Titel *„Ökobilanz für Getränkeverpackungen II"*, die in zwei Phasen durchgeführt worden ist. Auf diese wird im Folgenden näher eingegangen.

4.2.3 Ökobilanz für Getränkeverpackungen II

Die Untersuchung wurde im Auftrag des Umweltbundesamtes von der Projektgemeinschaft Prognos (Leitung), vom IFEU, von der Gesellschaft für Verpackungsmarktforschung (GVM) und von der PackForce durchgeführt. Die Untersuchung erfolgte in zwei

Phasen: einer Status-Quo-Analyse (Phase 1), welche 2000 präsentiert wurde (**UBA 2000a**), und einer Erweiterung unter Berücksichtigung von Prognoseszenarien (Phase 2), welche 2002 veröffentlicht wurde (**UBA 2002b**). Die Zielsetzung für die Phase 1 war wie folgt:

„Zusammenstellung von Informationen über umweltrelevante Stoff- und Energieströme der in den einzelnen Getränkebereichen auf dem Markt befindlichen Verpackungssysteme auf der Grundlage repräsentativer mittlerer Rahmenbedingungen und Vergleich ihrer ökologischen Wirkungspotentiale." (**UBA 2000a**, S. 2)

Untersucht wurden Verpackungen für Wasser, Erfrischungsgetränke (mit oder ohne Kohlensäure) und Wein (s. Bild 4.3).

Getränkebereich		Untersuchte Verpackungssysteme	
		Vorratskauf	Sofortverzehr
Mineralwasser (inkl. Quell-, Tafel- u. Heilwässer)	Mehrweg	• Glas: 0,7 l-/0,75 l GDB • PET: 1,5 l	• Glas: 0,25 l (Vichy)
	Einweg	• Glas:1 l-Enghals • Verbundkarton l	• Glas: 0,33 l Enghals
Getränke ohne CO$_2$	Mehrweg	• Glas: 1 l-/0,7 l-Enghals 1 l/0,75 l-Weithals	–
	Einweg	• Glas: 0,75 l-Enghals, 1 l/0,75 l-Weithals • Verbundkarton l	–
Erfrischungsgetränke (kohlensäurehaltig)	Mehrweg	• Glas: 0,7 l (GDB); • PET: 1 l, 1,5 l	• Glas: 0,33 l
	Einweg	• Glas: 1 l	• Glas: 0,33 l • Getränkedose 0,33 l Weißblech • Getränkedose 0,33 l Aluminium
Wein	Mehrweg	• Glas: 1l	–
	Einweg	• Glas: 1 l/0,75 l • Verbundkarton l	–

Bild 4.3   Untersuchte Verpackungssysteme (Quelle: **UBA 2000a**)

Die Ökobilanz wurde entsprechend den früheren Normen, DIN EN ISO-Normen 14040:1997-08 bis 14043:2000-07, durchgeführt und in diesem Rahmen unter Einbezug der interessierten Kreise (Industrie-, Umwelt- und Verbraucherverbände) in einen projektbegleitenden Ausschuss kritisch geprüft (vgl. **ebd**.). Die Auswahl der Verpackungssysteme erfolgte auf Basis ihrer Marktrelevanz (in der Regel mehr als 5 % Marktanteil). Die Auswahl wurde im separaten Materialband durch eine Marktanalyse begründet (**UBA 2000b**).

In der Untersuchung erfolgte insbesondere eine ausführliche Datenerhebung und -erfassung zu den Lebenswegabschnitten Abfüller und Distribution (vgl. hierzu Bild 4.4; Beschreibung der Module und Modulketten: **UBA 2000b**, S. 55 ff.). „*Mit den verwendeten Datensätzen konnte die für Getränkeverpackungssysteme relevante Produktions- und Verbrauchssituation in Deutschland annähernd repräsentativ abgebildet werden*" (**ebd.**, S. 2; vgl. auch **ebd.**, S. 121 ff. sowie S. 139 ff.).

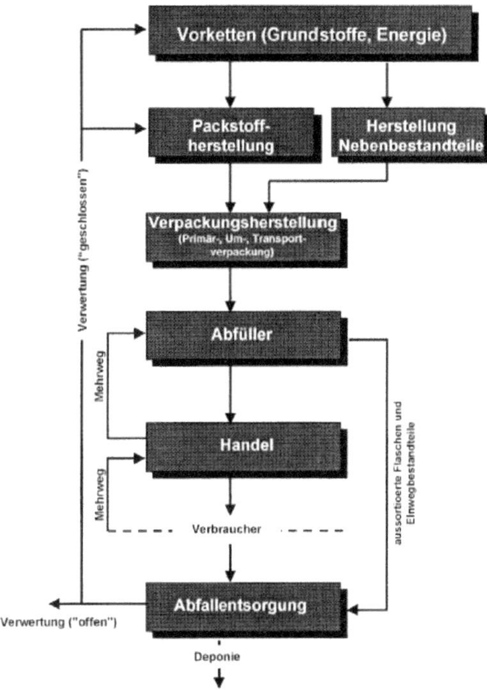

Bild 4.4 Schematischer Lebensweg von Getränkeverpackungen (Quelle: **UBA 2002b**)

Im Rahmen der Wirkungsabschätzung wurden folgende ökologische Wirkungskategorien betrachtet (**ebd.**, S. 3):

- Photochemische Oxidantienbildung
- Aquatische Eutrophierung
- Terrestrische Eutrophierung
- Versauerung
- Gesundheitsschäden und gesundheitliche Beeinträchtigung des Menschen
- Schädigung und Beeinträchtigung von Ökosystemen
- Ressourcenbeanspruchung
- Naturraumbeanspruchung
- Treibhauseffekt

Die Wirkungsabschätzung wurde gemäß der damals relevanten Norm DIN EN ISO 14042:2000-07 durchgeführt und beinhaltete das optionale Element der Rangbildung, d.h. einer Hierarchiebildung, welche zum großen Teil auf den Werten des Umweltbundesamtes beruhte (vgl. **UBA 2000b**, S. 4 und S. 163).

Die Ergebnisse der Auswertung veranlassten das UBA dazu, folgende Empfehlungen auszusprechen:

- *„Die bestehenden PET-Mehrwegsysteme sind gegenüber den bestehenden Glas-Mehrwegsystemen in den Getränkesegmenten Mineralwasser und CO_2-haltige Erfrischungsgetränke aus Umweltsicht vorzuziehen.*
- *Zwischen den bestehenden Glas-Mehrwegsystemen und Getränkekartonverpackungs-Systemen lässt sich in den Getränkesegmenten Mineralwasser, CO_2-freie Getränke und Wein mit der hier durchgeführten Bewertungsmethode kein umfassender ökologischer Vor- oder Nachteil erkennen.*
- *Glas-Einwegsysteme sowie Getränkedosensysteme aus Weißblech und Aluminium zeigen bei den kohlensäurehaltigen Erfrischungsgetränken gegenüber vergleichbaren Mehrwegsystemen deutliche ökologische Nachteile.*
- *Diese Umweltbelastungen liegen in Größenordnungen, die denen von einigen 10.000 bis einigen 100.000 Bundesbürgern verursachten entsprechen oder im Bereich um 0,1% der Gesamtbelastung in Deutschland."* (**ebd.**, S. 4 bzw. S. 345 f.)

In Phase 2 der Ökobilanzstudie Getränkeverpackungen II des Umweltbundesamtes wurden für dieselben Getränke Verpackungssysteme betrachtet, welche durch die Auswahlgrenze der 5% Marktrelevanz der Phase I nicht beachtet worden waren. So wurden gemäß der Zielstellung *„zukunftsweisende Verpackungssysteme sowie Optimierungspotenziale der bereits betrachteten Verpackungssysteme untersucht."* (**UBA 2002b**, **S. 1**). Es wurden entsprechend veränderte Randbedingungen (Energie, Verkehr, Abfallwirtschaft) und *„die Ermittlung des Einflusses einer Variation der Distributionsentfernung sowie die Einbeziehung des Füllgutes in die Bilanzierung"* (**ebd.**) in die Betrachtungen integriert.

Die Phase 2 bestätigte im Wesentlichen die generelle ökologische Überlegenheit von Mehrweg gegenüber Einwegsystemen - Ausnahme blieb der Getränkekarton. Bei den optimierten Verpackungssystemen waren deutlich bessere Ergebnisse zu verzeichnen. Zudem wurde die Vorteilhaftigkeit des Glas-Mehrwegsystems gegenüber PET-Mehrwegsystemen aufgrund des bis dahin sehr beschränkten Recyclat-Einsatzes trotz hoher Rücklaufquoten festgestellt, zugleich jedoch die Veränderlichkeit der Aussage unter Erwägung zukünftiger Bedingungen eingeräumt. Des Weiteren wurden die Ergebnisse der einzelnen optimierten Verpackungssysteme differenziert ausgewertet sowie zukünftige Randbedingungen prognostiziert (vgl. **ebd.**, S.4 ff. sowie S. 170 ff.)

Getränkebereich/ Packstoff	Sz.-Nr.	Kurzbezeichnung des Szenarios
1. Mineralwasser – Vorratskauf		
Glas	II-1	1,0 l MW-Leichtglas (PU beschichtet)
	II-2	1,0 l EW-Leichtglas (PE/EP beschichtet)
PET	II-3	1,0 l Rücklaufflasche im MW-Kasten (32g)
	II-4	1,5 l Rücklaufflasche im MW-Kasten (35g)
	II-5	1,5 l EW-Flasche (35g) im (Sixpack), Entsorgung - via DSD und
	II-6	- als bepfandetes Rückgabesystem
	II-7	1,5 l EW-Flasche für stilles Wasser (28g) im (Sixpack) via DSD
2. Mineralwasser – Sofortverzehr		
PET	II-8	0,5 l MW-Flasche (43g)
	II-9	0,5 l EW-Flasche (21g) via DSD
3. Erfrischungsgetränke mit Kohlensäure – Sofortverzehr		
Glas	II-10	0,5 l MW-Flasche
Weißblechdose	II-11	0,5 l Dose
	II-33	Sensitivitätsanalyse zur Verwertungsquote
Aluminiumdose	II-12	0,5 l Dose
	II-34	Sensitivitätsanalyse zur Verwertungsquote

Bild 4.5   Neu aufgenommene Verpackungssysteme (Teilziel 1) (Quelle: **UBA 2002b**)

Bei der Betrachtung der Ökobilanzen Phase 1 und 2 erkennt man, dass auch groß angelegte Ökobilanzen nur begrenzte Aussagen machen bzw. Empfehlungen geben können. Eine Reduzierung der Datenmenge kann durch Ordnung und Belegung mit Kennzahlen erfolgen, darf aber nicht zu unsachgemäßen Simplifizierungen führen. Auch wird das iterative Prinzip erkennbar, das in den Rückkopplungsprozessen zwischen den Teilstudien sowie innerhalb der einzelnen Teilstudien wirkt.

Zudem wird deutlich, dass, je nachdem, welche Teilaspekte des Ergebnisspektrums betrachtet werden, unterschiedliche Aussagen gemacht und Empfehlungen ausgesprochen werden können.

4.3   Ökobilanzen - Was leisten sie?

4.3.1 Allgemeine Betrachtungen

Spätestens seit der Verabschiedung der Verordnung (EG) Nr. 761/2001 vom 19. März 2001 über die freiwillige Beteiligung von Organisationen an einem Gemeinschaftssystem für das Umweltmanagementsystem und die Umweltbetriebsprüfung (EMAS) sollte die Ökobilanz einen festen Platz in der Gesellschaft eingenommen haben.

Die Ökobilanz ist eine von mehreren Umweltmanagementmethoden. Sie ist nicht in jedem Fall die am besten geeignete Methode. So werden z.B. üblicherweise ökonomische oder soziale Aspekte eines Produktes bei Ökobilanzen nicht berücksichtigt.

Ökobilanzen können gemäß DIN EN ISO 14044:2006-10 helfen

- *„beim Aufzeigen von Möglichkeiten zur Verbesserung der Umwelteigenschaften von Produkten in den verschiedenen Phasen ihres Lebensweges;*
- *zur Information von Entscheidungsträgern in Industrie, Regierungs- oder Nichtre-gierungsorganisationen (z. B. bei der strategischen Planung, Prioritätensetzung, Produkt- oder Prozessentwicklung oder entsprechenden Neuentwicklung);*
- *beim Auswählen von relevanten Indikatoren der Umwelteigenschaften einschließ-lich der zugehörigen Messverfahren, und*
- *beim Marketing (z. B. beim Implementieren einer Umweltkennzeichnung, beim Tref-fen einer Umweltaussage oder beim Erstellen einer Umweltdeklaration für ein Pro-dukt)".* (**DIN EN ISO 14044:2006-10**, S. 9)

Aus Befragungen und Erhebungen (vgl. **Rubik 1998** sowie **Hunkeler 2001**) wird ersicht-lich, dass es heute hauptsächlich Unternehmen sind, die Ökobilanzen erstellen oder er-stellen lassen. Sie erzielen dadurch einerseits einen quantitativen Nutzen im Sinne mo-netärer Einsparungen in den Bereichen Betrieb, Produkt und Logistiksysteme bzw. exter-ner Nutzen - die Kategorien Klimawandel und Waldsterben sind eng verknüpft mit zukünf-tigen Kostenfaktoren - zu erzielen; andererseits wird - wie bereits dargestellt - ein qualitativer Nutzen erlangt (vgl. **Fleischer 2005**).

Ökobilanzen spielen aber auch bei politischen Diskussionen eine wichtige Rolle, sowohl auf nationaler als auch auf europäischer und internationaler Ebene. So berufen sich poli-tische Entscheidungsträger auf Ergebnisse von Ökobilanzen, die auf das Produkt zielen, wie es bei der Getränkeverpackung erfolgte. Und es wurden Strategien entwickelt im Hin-blick auf eine sogenannte integrierte Produktpolitik (IPP) (vgl. **KOM 2001**).

Ökobilanzen bieten ein Potenzial für Unternehmen und für die Umweltpolitik. Dieses wur-de vom Bundesverband der Deutschen Industrie e.V. in der 1999 veröffentlichten Studie *„Die Durchführung von Ökobilanzen zur Information von Öffentlichkeit und Politik"* detail-liert dargestellt. Betrachtet man demnach das Umweltmanagementsystem von Unterneh-men insgesamt, so können Ökobilanzen z.B. folgende Beiträge für eine nachhaltige Pro-duktgestaltung leisten (vgl. **BDI 1999**, S. 31 ff.):

- Die in Ökobilanzen ermittelten Daten ermöglichen Aussagen darüber, wie und um wie viel sich - in Abhängigkeit von bestimmten Parametern - die untersuchten Alter-nativen jeweils unterscheiden.

- Ökobilanzen tragen dazu bei, die Zusammenhänge zu verstehen, die das ökologische Profil eines Produktsystems bestimmen.

- Ökobilanzen zeigen auf, wann und in welcher Form die Lösung eines ökologischen Problems zu Lasten eines anderen erfolgt. Die Ergebnisse lassen Problemverschiebungen erkennen und Strategien zur Umweltentlastung zuverlässiger gestalten.

- Ökobilanzen ermitteln ökologischen Handlungsbedarf und können wichtige Argumente liefern, wenn es gilt, umweltbezogenen Entscheidungen im Unternehmen im Hinblick auf ökologische und ökonomische Aspekte zu rechtfertigen.

- Aufgrund von Ökobilanzen ist es möglich, den jeweiligen technischen Gestaltungsoptionen neben ihren ökonomischen *„Costs"* und *„Benefits"* auch ihre ökologischen Vor- und Nachteile zuzuordnen.

- Ökobilanzen ermöglichen eine Unterscheidung des relativen Umfang von verschiedenen Umweltauswirkungen sowie die Identifizierung derjenigen Anteile an Umweltwirkungspotenzialen, auf die Unternehmen selbst am ehesten Einfluss nehmen können. Sie können damit zu einer ökonomisch und ökologisch effizienten bzw. zielgerichteten Verwendung der Unternehmensressourcen beitragen.

Ökobilanzen sind keine allumfassenden Instrumente zur Gestaltung eines ökologischen Produktprofils und sie sind sehr anspruchsvolle Werkzeuge. Mit ihrer Hilfe kann es aber gelingen, nachhaltige *„Win-Win-Optionen"* zu erzielen; sie können insbesondere (**BDI 1999**, S. 33)

- *„Kosteneinsparungspotenziale aufzeigen (z.B. im Energie- und Rohstoffbereich),*
- *Wettbewerbsvorteile durch technische Innovationen unterstützen,*
- *Imagegewinne ermöglichen,*
- *die Attraktivität des Unternehmens erhöhen,*
- *frühzeitig strategische Risiken und umweltbezogene Problemfelder bei Produkten aufzeigen,*
- *die Motivation der Mitarbeiter steigern*
- *die Orientierung am Kunden und die Zusammenarbeit entlang der Lieferkette verbessern."*

In der Umweltpolitik können gemäß der Studie des BDI Ökobilanzen zur Wissensvermittlung und zur Orientierung beitragen (**BDI 1999**, S. 34):

- *„Ökobilanzen können sichtbar machen, wo Optimierungsmöglichkeiten bei den Anstrengungen von Unternehmen für die Schonung der Umwelt bestehen.*
- *Ökobilanzen können aufzeigen, wo staatliches Handeln konkret positiv wirkt, wo es wirkungslos bleibt oder wo es ökologisch sogar kontraproduktiv ist.*

- *Ökobilanzen können der Information der Verbraucher dienen und z.B. aufzeigen, wo und in welchem Umfang gerade auch in der Nutzungsphase konkrete ökologische Entlastungsmöglichkeiten durch das Handeln der Verbraucher bestehen.*
- *Durch die Initiierung von Ökobilanzen können staatliche Stellen ebenso wie Unternehmen und Verbände die unterschiedlich interessierten Kreise an einen Tisch bringen und die gemeinsame Suche nach Verbesserungen voranbringen."*

Zusammenfassend kann gesagt werden, dass Ökobilanzen das ganzheitlich vernetzte Denken in Lebenszyklen begünstigen, die Systemkenntnis erweitern und auf diese Weise zu einer ökologischen Verbesserung beitragen (vgl. **Fleischer 2005**, S. 33).

4.3.2 Betrachtung im speziellen Zusammenhang mit dem Verpackungswesen

Ziel der Verpackungsverordnung über die Vermeidung und Verwertung von Verpackungsabfällen (VerpackV) ist, *„die Auswirkungen von Abfällen aus Verpackungen auf die Umwelt zu vermeiden oder zu verringern."* (§1 Abs. 1 Satz 1 **VerpackV**) Speziell für Getränkeverpackungen heißt es weiter: *„Der Anteil der in Mehrweggetränkeverpackungen sowie in ökologisch vorteilhaften Einweggetränkeverpackungen abgefüllten Getränke soll durch diese Verordnung gestärkt werden mit dem Ziel, einen Anteil von mindestens 80 vom Hundert zu erreichen."* (§1 Abs. 2 Satz 1 **VerpackV**)

Bereits aus diesen Aussagen der Verpackungsverordnung sowie aus den vorhergehenden Ausführungen ist ableitbar, welche Bedeutung Ökobilanzen für umweltpolitische Entscheidungsprozesse auf der einen und für Unternehmen aus der Verpackungswirtschaft auf der anderen Seite besitzen. Der Gesetzgeber verpflichtet sich, Regelungen durchzusetzen, welche die Förderung von Mehrwegverpackungen sowie von *„ökologische vorteilhaften"* Verpackungen erlaubt. Industrie und Handel haben mit diesen - ihren Handlungsspielraum stark beeinflussenden - Konsequenzen umzugehen und sie in ihre Produktpolitik mit einzubeziehen.

Eine dieser Konsequenzen war die Einführung des Pflichtpfandes zum 1. Januar 2003. Der Präsident des UBA, Prof. Dr. Andreas Troge, knüpfte große Erwartungen an den Pflichtpfand und äußerte 2002: *„Die erweiterte Ökobilanz zeigt, dass in allen Verpackungssystemen noch Verbesserungen möglich sind. Das gilt für Einweg, das gilt aber noch stärker bei Mehrweg. Ich erwarte, dass die ökologisch vorteilhaften Mehrwegverpackungen mit dem Pflichtpfand an Bedeutung gewinnen werden."* (**UBA 2002c**)

Wie einschneidend diese Neuerung für Industrie und Handel war, lässt sich an der sogenannten *„Insel-Lösung"* sowohl als Trotzreaktion als auch als Übergangslösung ablesen.

Dass zu den interessierten Kreisen neben Industrie- und Umweltverbänden auch Verbraucherverbände zählen, ist nur logische Folgerung.

Im Zuge dieser umweltpolitischen Beeinflussung des Handelns zeigt sich, dass die Vorteilhaftigkeit der eigenen Produkte für die Ökologie auch einen Wettbewerbsvorteil gegenüber anderen Unternehmen bedeutet. Es ist also kaum verwunderlich, dass der FKN als Interessenvertreter der beiden großen Getränkekarton-Produzenten Elopak und Tetrapak das IFEU Institut nach der *„Milch-Studie"* von 1999 mit der Erstellung einer weiteren Ökobilanz beauftragt hat. So ist beim FKN zu lesen:

„Eine neue Ökobilanz des Instituts für Energie und Umweltforschung (IFEU), Heidelberg, hat die ökologischen Vorzüge des Getränkekartons erneut bestätigt: Im direkten Vergleich mit der Einweg-Kunststoff-Flasche aus PET sind,bei allen durchgeführten Systemvergleichen ökologische Vorteile erkennbar' heißt es in der Studie. Die Ergebnisse zeigen, dass der Getränkekarton vom Umweltbundesamt zu Recht als,ökologisch vorteilhafte' Verpackung qualifiziert wird." (**FKN 2007**)

In der vom FKN veröffentlichten Broschüre *„Ökobilanz - Getränkekartons auf dem Prüfstand"* werden neben allgemeinen Informationen zum Instrument *„Ökobilanz"* insbesondere die Ergebnisse der *„Milch-Studie"* in kompakter Form sowie eine allgemeine Beschreibung der *„Ökobilanz für Getränkeverpackungen II"* dargestellt. Betont wird dabei vor allem die ökologische Gleichwertigkeit von Getränkekartons und Produkten von Mehrwegsystemen. Die Broschüre dient also zum einen als Informationsinstrument, zum anderen ist sie Teil eines umfassenden Umweltmarketings, welches nicht nur das eigene Unternehmen, sondern die gesamte Interessengemeinschaft stärken und die Befreiung von der Pfandpflicht sichern soll.

Neben diesen Politik- sowie Marketingaspekten, welche zu Spekulationen einladen, sind auch Gesichtspunkte der Produktinnovation erkennbar. Die Erkenntnis, dass eine Verpackung, welche mit weniger Materialaufwand gefertigt wird, nicht nur umweltfreundlicher, sondern auch billiger sein kann, motiviert zur Neuentwicklung bzw. Optimierung von Verpackungssystemen. Sie dürfte der Grund dafür sein, dass bereits in der Zeit zwischen den zwei Phasen der Getränkeverpackungsökobilanz ein Optimierungsprozess eingesetzt hat und das Aufzeigen des Optimierungspotenzials der in Phase 2 geprüften Verpackungen bereits detailliert aufgezeigt worden sind.

Betrachtet man die unter aktuell geführten Projekte des IFEU Instituts auf der Startseite des Internet-Auftritts, findet man viele auftraggebende Firmen, welche - aus welchen spezifischen Gründen auch immer - Zeit und Geld darein investieren, auf eine umweltfreundliche Produktentwicklung umzustellen (vgl. **IFEU 2006a**).

Nicht zuletzt wird durch die Veröffentlichung und Publikmachung von Ökobilanzergebnissen in den Medien neben einem reinen Informations- auch ein Erziehungs- bzw. Lenkungsaspekt erkennbar, welcher zu einer nachhaltigen Änderung des Kaufverhaltens führen soll. Eine solche Zielstellung stößt dabei - zumindest in Deutschland - auf nährreichen Boden: Das Umweltbewusstsein der deutschen Bevölkerung befindet sich entsprechend den letzten zwei Bevölkerungsumfragen des Bundesministeriums für Umwelt, Naturschutz und Reaktorsicherheit (BMU) noch immer auf hohem Niveau (vgl. **Kuckartz 2004**, S. 9 ff., sowie **Kuckartz 2006**, S. 6). Von 93% der Bevölkerung wird der Umweltschutz als wesentlich eingestuft (vgl. Vorwort Sigmar Gabriel, **ebd.**, S. 7). *„Die große Bandbreite umweltpolitischer Ziele und Aufgaben wird von einer recht beeindruckenden Mehrheit der Bürger als sehr wichtig eingeschätzt. Dies zeigt einmal mehr, dass die Deutschen als eine in großen Teilen ökologisch sensibilisierte Gesellschaft gelten können."* (**ebd.**, S. 17) Umweltzeichen wie z.B. der Blaue Engel beeinflussen in gesteigertem Maße die Kaufentscheide der Konsumenten (vgl. Vorwort Prof. Dr. Andreas Troge, **Kuckartz 2004**, S. 7, sowie **Kuckartz 2006**, S. 66).

Sowohl im Interesse der Industrie als auch der Umweltpolitik wäre es interessant festzustellen, in welchem Maße sich der Verbraucher bei seinem Kaufentscheid - zusätzlich zur Beeinflussung durch den (Zwangs-)Pfand - an der ökologischen Wertigkeit der Verpackung seines Konsumgutes orientiert, und - als Quasi-Rückkopplungsprozess - die Industrie durch sein Konsumverhalten zwingt, auf ökologisch vorteilhafte Verpackungsvarianten überzuwechseln.

5   Diskussion

Die Darstellungen lassen erkennen, dass in Ökobilanzen ein Potenzial für Erkenntnisse über Verpackungssysteme liegt, welches noch nicht ausgeschöpft ist. Mit Blick auf die bereits erstellten Ökobilanzen bzw. aktuelle Projekte ist erkennbar, dass großes Interesse von Seiten der Industrie daran besteht - sei es aus Wirtschaftlichkeitsgründen oder aus Gründen der Imagepflege bzw. der Firmenphilosophie -, verlässliche Daten und Ergebnisse zur Beurteilung des eigenen Produktes zu gewinnen.

Ein Beispiel hierfür ist die Firma Tetrapak. Sie ließ - vertreten durch den FKN und auf eigene Kosten - vom IFEU Institut mehrere Ökobilanz-Projekte durchführen (vgl. **IFEU 2006a**). Nicht alle dieser Ökobilanzen verwertete Tetrapak für seine Firmenpräsentation. Dies lässt zum einen darauf schließen, dass Tetrapak sehr um ein umweltgerechtes Image bemüht ist, auf der anderen Seite jedoch nicht jede der Ökobilanzen in Hinsicht hierauf publikabel ist. Da keine Publikationspflicht für Ökobilanzen besteht, kann ein Unternehmen nur die für sich selbst vorteilhaften Bilanzergebnisse für seine Imagepflege verwerten und der Öffentlichkeit zugänglich machen. Durch die fehlende Publikationspflicht entsteht also eine gewisse Grauzone.

Die Darstellung in den Medien lässt oft ein Bild von ökologischen Siegern auf der einen, Öko-Verlierern auf der anderen Seite erscheinen. Auch die zusammenfassende Darstellung des ehemaligen Bundesumweltministers Jürgen Trittin, es gäbe *„zwischen Mehrweg-Glasflaschen und den Einweg-Getränkekartons (...) aus Umweltsicht ein Patt"* (**FKN 2005,** S. 13), führt zu jener Vereinfachung verknüpft mit der Assoziation eines Wettkampfs und einem daraus resultierenden Gewinner bzw. Verlierer. Dies ist aus medien- und informationspolitischer Sicht vielleicht notwendig, beraubt aber die Ökobilanz ihres Wechselwirkungscharakters zwischen Zielstellung, Sachbilanz, Wirkungsabschätzung und Auswertung und damit eines Stückes Umweltinformation. Hierin liegt auch eine potenzielle Gefahr für unternehmerische oder umweltpolitische Fehlentscheidungen.

Ein weiteres Problem in der Verwendung von Ökobilanzen ist, dass sie - zwar geprüft - zur Grundlage der Gesetzgebung werden. Nach der aktuellen Fassung der VerpackV sind *„ökologisch vorteilhafte"* Verpackungen wie folgt definiert:

„Ökologisch vorteilhafte Einweggetränkeverpackungen im Sinne dieser Verordnung sind:
* *Getränkekartonverpackungen (Blockpackung, Giebelpackung)*
* *Getränke-Polyethylen-Schlauchbeutel-Verpackungen*
* *Folien-Standbodenbeutel."* (§3 Abs. 4 **VerpackV**)"

Die Definition erfolgt also über eine Aufzählung der bisher als *„ökologisch vorteilhaft"* eingestuften Verpackungsvarianten. Eine klare Definition, was *„ökologische Vorteilhaftigkeit"* an sich bedeutet und daher eine leichte Einordnung von Neuentwicklungen ermöglicht, wird nicht gegeben. Der Begriff erklärt sich lediglich aus den ihm zugeordneten Verpackungskategorien; eine solche Definition jedoch kommt auf der Sicht der Autorin einem Zirkelschluss gleich. Zudem wird in der Verordnung keine Aussage darüber gemacht, inwiefern dieser Sonderstatus wieder entzogen werden kann.

Sowohl ein Vor- als auch ein Nachteil ist im generellen Ausschluss sozialer und wirtschaftlicher Aspekte aus der Analyse zu sehen. Zwar kann - wie bereits erwähnt - der Ansatz der Ökobilanz auch auf diese Aspekte ausgerichtet werden, es wird jedoch keine Verknüpfung der auf naturwissenschaftlicher Basis erworbenen Daten mit sozialwissenschaftlichen Daten angestrebt. Somit bleibt die Ökobilanz in ihren Aussagen beschränkt. Doch gerade diese Beschränktheit erlaubt es dieser Methode bei der Analyse in die Tiefe zu gehen und dennoch überschaubar zu bleiben.

Es sollte nicht vergessen werden, dass die Beurteilung von Verpackungssystemen einem ständigen Wandel von Rahmenbedingungen und von Optimierungsprozessen unterworfen ist. So sieht beispielsweise die jüngste Studie des IFEU einen ökologischen Vorsprung des Getränkekartons gegenüber der PET-Flasche. Dabei sollte jedoch nicht außer Achte gelassen werden, wer die Studie erstellt hat, oder in wessen Auftrag sie erstellt wurde. Trotz kritischer Prüfung gibt es gewisse, von der Norm offen gelassene Spielräume - gerade bei Zieldefinition und Auswertung -, welche eine Manipulation der Daten erlauben und zu einem möglichst vorteilhaften Ergebnis führen.

6 Fazit

Ökobilanzen sind behutsam und mit Überlegung anzuwenden. Sie sind immer im Kontext der Zielsetzung und der gesetzten Rahmenbedingungen sowie der betrachteten Wirkungen zu sehen. Geht man entsprechend vor, so können sie wertvolle Dienste leisten. Ist dies nicht der Fall, können sie zu unternehmerischen oder auch zu umweltpolitischen Fehlentscheidungen führen.

Ökobilanzen liefern nur „*relative*" Ergebnisse. Sie können z.B. Aussagen treffen, welcher Werkstoff die geringsten Belastungen für die Umwelt verursacht. Diese Aussagen gelten aber ausschließlich für das untersuchte Produkt und den getroffenen Zielsetzungen und den festgelegten Rahmenbedingungen.

Gerade in politischen Entscheidungsprozessen muss besonders genau geprüft werden, ob verallgemeinernde Aussagen gerechtfertigt sind. Es sollte eine regelmäßige, den aktuellen Rahmenbedingungen angepasste Überprüfung der Ergebnisse stattfinden sowie die Möglichkeit einer Revision - beispielsweise bzgl. der Qualifizierung einer Verpackungsvariante als „*ökologisch vorteilhaft*" - möglich sein.

Insbesondere im Bereich der Verpackungen ist die Ökobilanz als hilfreiches Instrument des Umweltqualitätsmanagements zu werten. Sie hat bereits als Grundlage für die Verpackungsverordnung gedient und wird auch weiterhin hilfreich sein bei der Bewertung von Verpackungssystemen. Wegen ihrer Begrenztheit auf Stoff- und Energiekreisläufe kann die Ökobilanz jedoch nur einen Aspekt im Rahmen von Entscheidungsprozessen für Staat, Wirtschaft und Gesellschaft darstellen. Für eine ganzheitliche Betrachtung sind umfassendere Fragestellungen erforderlich, die z.B. auch ökonomische und soziale Aspekte mit einbeziehen.

Glossar

Die im Folgenden angeführten Fachbegriffe werden in der Hausarbeit verwendet. Die Definitionen sind der Norm DIN EN ISO 14040:2006-10 entnommen.

Auswertung: Bestandteil der Ökobilanz, bei dem die Ergebnisse der Sachbilanz oder der Wirkungsabschätzung oder beide bezüglich des festgelegten Ziels und Untersuchungsrahmens beurteilt werden, um Schlussfolgerungen abzuleiten und Empfehlungen zu geben

Input: Produkt-, Stoff- oder Energiefluss, der einem Prozessmodul zugeführt wird

interessierter Kreis: Einzelperson oder Gruppe von Personen, die sich mit der Umweltleistung eines Produktsystems oder den Ergebnissen einer Ökobilanz beschäftigt/ beschäftigen oder davon betroffen ist/sind

Kritische Prüfung: Verfahren, das dazu dient, die Konsistenz einer Ökobilanz mit den Grundsätzen und Anforderungen der Internationalen Norm an Ökobilanzen sicherzustellen

Lebensweg: aufeinander folgende und miteinander verbundene Stufen eines Produktsystems von der Rohstoffgewinnung oder Rohstofferzeugung bis zur endgültigen Beseitigung

Ökobilanz: Zusammenstellung und Beurteilung der Input- und Outputflüsse und der potenziellen Umweltwirkungen eines Produktsystems im Verlauf seines Lebensweges

Output: Produkt-, Stoff- oder Energiefluss, der von einem Prozessmodul abgegeben wird

Produkt: jede Ware oder Dienstleistung

Produktsystem: Zusammenstellung von Prozessmodulen mit Elementar- und Produktflüssen, die den Lebensweg eines Produktes modelliert und die eine oder mehrere festgelegte Funktionen erfüllt

Sachbilanz: Bestandteil der Ökobilanz, der die Zusammenstellung und Quantifizierung von Inputs und Outputs eines gegebenen Produktes im Verlauf seines Lebensweges umfasst

Wirkungsabschätzung: Bestandteil der Ökobilanz, der dem Erkennen und der Beurteilung der Größe und Bedeutung von potenziellen Umweltwirkungen eines Produktsystems im Verlauf des Lebensweges des Produktes dient

Literaturverzeichnis

Ahbe 1991 — Ahbe, S.; Braunschweig, A.; Müller-Wenk, R.: Methodik für Ökobilanzen auf der Basis ökologischer Optimierung. Bundesamt für Umwelt, Wald und Landschaft (BUWAL), Schriftenreihe Umwelt Nr. 133, Bern, 1991

Aresta 2002 — Aresta, M., Caroppo, A.: An Introduction to the Environmental Life-Cycle Assessment ELCA. Report, Metea Research Center, 2002

BDI 1999 — Bundesverband der Deutschen Industrie e.V. (BDI): Die Durchführung von Ökobilanzen z ur Information von Öffentlichkeit und Politik - Eine Orientierungshilfe für den Umgang mit Ökobilanzen in Unternehmen und Verbänden. Köln: BDI-Drucksache, 1999

Bund Niedersachsen 2001 — URL: http://www.bund-niedersachsen.de/kg/goslar/info-reihe/bilanz01.html, Stand 02.12.2007

Bundestag 1992 — Deutscher Bundestag (Hrsg.): Zwischenbericht der Enquete-Kommission „Schutz des Menschen und der Umwelt - Bewertungskriterien und Perspektiven für umweltverträgliche Stoffkreisläufe in der Industriegesellschaft". Bonn, 1992

Corino 1995 — Corino, C.: Ökobilanzen: Entwurf und Beurteilung einer allgemeinen Regelung. Düsseldorf: Werner, 1995

Dierckes 1974 — Dierckes, M.: Die Sozialbilanz. Gesellschaft und Unternehmen. Frankfurt: Herder & Herder, 1974

DIN EN ISO 14040:1997-08 — Umweltmanagement - Ökobilanz -Grundsätze und Rahmenbedingungen (OSP 14040:1997); Deutsche Fassung EN ISO 14040:1997 (ersetzt durch DIN EN ISO 14040:2006-10)

DIN EN ISO 14040:2006-10 — Umweltmanagement - Ökobilanz - Grundsätze und Rahmenbedingungen (ISO 14040:2006); Deutsche und Englische Fassung EN ISO 14040:2006

DIN EN ISO 14041:1998-11 — Umweltmanagement - Ökobilanz - Festlegung des Ziels und des Untersuchungsrahmens sowie Sachbilanz (ISO 14041:1998); Deutsche Fassung EN ISO 14041:1998

DIN EN ISO 14042:2000-07 — Umweltmanagement - Ökobilanz - Wirkungsabschätzung (ISO 14042:2000); Deutsche Fassung EN ISO 14042:2000

DIN EN ISO 14043:2000-07 — Umweltmanagement - Ökobilanz - Auswertung (ISO 14043:2000); Deutsche Fassung EN ISO 14043:2000

DIN EN ISO 14044:2006-10 — Umweltmanagement - Ökobilanz - Anforderungen und Anleitungen (ISO 14044:2006); Deutsche und Englische Fassung EN ISO 14044:2006

DIN Fachbericht 107 — DIN Fachbericht 107:2001, Umweltmanagement - Ökobilanz - Anwendungsbeispiele zu ISO 14041 zur Festlegung des Untersuchungsrahmens sowie zur Sachbilanz; Deutsche und englische Fassung ISO/TR 14049:2000

DIN-Fachbericht ISO/TR 14062 — DIN-Fachbericht ISO/TR 14062: 2003, Umweltmanagement - Integration von Umweltaspekten in Produktdesign und -entwicklung, Umweltmanagement - Integration von Umwelta-

	spekten in Produktdesign und -entwicklung; Deutsche und englische Fassung ISO/TR 14062:2002
FKN 2005	Ökobilanz - Getränkekartons auf dem Prüfstand, Informationsbroschüre, Wiesbaden: FKN, 2005
FKN 2007	URL: http://www.getraenkekarton.de/, Stand 02.12.2007
Fleischer 1999	Fleischer, G.: Einführung in die Ökobilanz für Produkte. In: Nutzen von Ökobilanzen. Heft 85 der Schriftenreihe der GDMB. S. 39-54. Hamburg: GDMB, 1999
Fleischer 2005	Fleischer, G., Saur, K.: Quantifizierbarer und qualitativer Nutzen der Internationalen Normen zu Ökobilanzen und Umweltmanagement. In: DIN-Mitteilungen. S. 31-41. Berlin: Beuth Verlag, 2005
Habersatter 1991	Habersatter, K.: Ökobilanz von Packstoffen - Stand 1990, Bundesamt für Umwelt, Wald und Landschaft (BUWAL), Schriftenreihe Umwelt Nr. 132, Bern, 1991
Hunkeler 2001	Hunkeler, D., Vanakari, E.: Eco-Design and LCA. In: The International Journal of Live Cycle Assessment, Vol. 5, Number 3. S. 145-151 2001,
IFEU 2007a	URL: http://www.ifeu.de/index.php?bereich=oek&seite=verpackungsoekobilanzen, Stand 02.12.2007
IFEU 2007b	URL: http://www.ifeu.de/index.php?bereich=oek, Stand 02.12.2007
Kanning 2000	Kanning, H.: Umweltbilanzen - Instrumente einer zukunftsfähigen Regionalplanung? Dortmund: Dortmunder Vertrieb für Bau- und Planungsliteratur, 2000
KOM 2001	Kommission der Europäischen Gemeinschaften: Grünbuch zur integrierten Produktpolitik. Brüssel, 2001
Kuckartz 2004	Kuckartz, U., Rheingans-Heintze, A.: Umweltbewusstsein in Deutschland 2004- Ergebnisse einer repräsentativen Bevölkerungsumfrage. Umweltforschungsplan des Bundesministeriums für Umwelt, Naturschutz und Reaktorsicherheit (Hrsg.), Förderkennzeichen 203 17 132/01. Bonn: Köllen Druck, 2004
Kuckartz 2006	Kuckartz, U., Rädiker, St., Rheingans-Heintze, A.: Umweltbewusstsein in Deutschland 2006 - Ergebnisse einer repräsentativen Bevölkerungsumfrage. Umweltforschungsplan des Bundesministeriums für Umwelt, Naturschutz und Reaktorsicherheit (Hrsg.), Förderkennzeichen 205 17 102. Paderborn: Bonifatius, 2006
Lentz 1989	Lentz, R., Franke, M., Thomé-Kozmiensky, K.J.: Vergleichende Umweltbilanzen für Produkte am Beispiel von Höschen und Baumwollwindeln. In: Schenkel, W.; Thome-Kozmiensky, K.G. (Hrsg.): Konzepte in der Abfallwirtschaft 2. Berlin: EF-Verlag für Energie- und Umwelttechnik, 1989
Müller-Wenk 1978	Müller-Wenk, R.: Die ökologische Buchhaltung. Ein Informations- und Steuerungsinstrument für umweltkonforme Unternehmenspolitik. Frankfurt a. M.: Campus, 1978
NAGUS 2006a	Normenausschuss Grundlagen des Umweltschutzes (NAGUS) im DIN (NA 172): Jahresbericht 2006 der Geschäftsstelle - Sachstand und Aktivitäten 31. Dezember 2006. (URL:

	http://www.nagus.din.de/sixcms_upload/media/2612/jahresbericht06.pdf, Stand. 02.12.2007)
NAGUS 2006b	http://www.nagus.din.de/sixcms_upload/media/2612/ISO%2014000%20Modell%202007-07.pdf, Stand 02.12.2007
Rehbinder 2001	Rehbinder, E.; Schmihing, Chr.: Ökobilanzen als Instrumente des Umweltrechts. Hrsg.: Umwelbundesamt. Berlin: Erich Schmidt, 2001 (Berichte/Bundesumweltamt 08/00)
Rubik 1994	Rubik, Fr.: Themen der Ökobilanzforschung - eine Übersicht über aktuelle Ökobilanzergebnisse. Beitrag zum UTECH Kongreß, 1994
Rubik 1998	Rubik, Fr.: Application Patterns of Life Cycle Assessment within German Companies. Results and Conclusions of a Survey, Schriftenreihe des IÖW 129/98. Berlin, 1998
Schmitz 1995	Ökobilanz für Getränkeverpackungen. In: Umweltbundesamt (Hrsg.): UBA-Texte 52/95. Berlin: 1995
SRU 1994	Rat der Sachverständigen für Umweltfragen: Umweltgutachten 1994: Für eine dauerhaft umweltgerechte Entwicklung, Bundestags-Drucksache 12/6995, Bonn: Bundesanzeiger Verlagsgesellschaft, 1994
Steger 1990	Steger, U.: Unternehmensführung und ökologische Herausforderung. In: Wagner, G. R. (Hrsg.): Unternehmen und ökologische Umwelt. München: Vahlen, 1990
Troge 2006	Troge, A.: Ökobilanzen und produktbezogene Umweltpolitik, Vortrag auf der Tagung „Ökobilanzen und Produktverwantwortung", Hauptverwaltung der IG BCE, 1.-2. September 1999, Hannover (URL: geo.bildungszentrum-markdorf.de/fortbildung/pages/PLA/Troge.doc, Stand: 02.12.2007)
UBA 1995	Bundesumweltministerium, Umweltbundesamt (Hrsg.): Handbuch Umweltcontrolling. München: Vahlen, 1995
UBA 2000a	Ökobilanz für Getränkeverpackungen Phase 1- Hauptteil. In: Umweltbundesamt (Hrsg.): UBA-Texte 37/00, 2000
UBA 2000b	Ökobilanz für Getränkeverpackungen Phase 1 - Materialsammlung. In: Umweltbundesamt (Hrsg.): UBA-Texte 38/00, 2000
UBA 2002a	Umweltbundesamt: Hintergrundpapier: Ökobilanzen für Getränkeverpackungen für alkoholfreie Getränke und Wein. Berlin, 2002 URL: http://www.umweltdaten.de/uba-info-presse/hintergrund/oebil.pdf, Stand 02.12.2007
UBA 2002b	Umweltbundesamt (Hrsg.): Ökobilanz für Getränkeverpackungen Phase 2. In: Umweltbundesamt (Hrsg.): UBA-Texte 51/02, 2002
UBA 2002c	Presseinformation Umweltbundesamt: „Grünes Licht für Mehrweg." Pressemeldung vom 23.10.2002, URL: http://www.getraenkekarton.de/seiten/pressemeldung.php?id=156&archiv=3, Stand 02.12.2007
VerpackV	Verpackungsverordnung über die Vermeidung und Verwertung von Verpackungsabfällen (Verpackungsverordnung - VerpackV) , 21.08.1998, zuletzt geändert am 30.12.2005